南方丘陵山区矿山环境科考丛书

NANFANG QIULING SHANQU
KUANGSHAN HUANJING KEKAO CONGSHU

# 南方丘陵山区矿山地质灾害图册

崔益安　柳建新　孙　娅　郭友军　刘　嵘◎著

中南大学出版社
www.csupress.com.cn
·长沙·

# Foreword 前言

南方丘陵山区指淮河以南、云贵高原以东、雷州半岛以北的广大低山丘陵地区，占全国国土面积的九分之一。该区域与世界同纬度亚热带地区相比，具有独特的温暖湿润的自然环境；同时与全国其他地区相比，它的开发潜力巨大，是一块得天独厚的宝地。该区域的农业开发虽然晚于黄河流域，但是也有近千年的发展历史。与东北、西北等地的山区相比，这里不仅是一个开发很早的地区，而且还是一个人口密度较大、矿产资源特别是有色金属资源丰富的地区。一方面因为人口数量增加、耕地不断减少，加上滥采矿产资源等造成了大面积的土地污染和地下水污染，人地关系出现明显的矛盾；另一方面，由于大部分山区经济欠发达，大量矿产资源利用方式粗放，经营效益不高，这一地区的自然资源潜力没有充分发挥出来。在全球气候变暖等自然因素的影响下，各种极端天气和自然灾害频发，水土流失严重，生态安全受到前所未有的威胁。并且部分偏远丘陵山区从未开展过矿山生态环境调查，没有任何系统的相关数据。因此，在该区域开展资源环境综合考察和调查，查明区域内矿产等资源的基本情况和生态环境状况，能够为我国资源安全研究和战略决策提供重要支持，为生态安全政策制订、灾害防治、区域环境综合治理提供科学依据，对于在我国经济快速发展中构建和谐的人与自然关系具有重大意义。

湖南、江西、广东、广西这一区域内的丘陵山区是我国有色金属、黑色金属(锰)、稀有金属、稀土、放射性矿产的重要产地。该区因其特有的矿产资源优势而成为我国重要的有色金属工业基地。区内有各种所有制的矿山企业有数千家；开发矿产以有色金属为主，次为黑色（锰铁）、能源（煤炭）、非金属等；构成以矿业为主体的矿山采掘、选矿业等，年总产值近千亿元，按行政区划现已形成以湘南、赣南、桂西、粤北为代表的四个矿业集中区。长期以来由于资金和管理不善等原因，在开采的过程中对矿区周围的土壤与环境造成了严重影响。例如，选矿后的大量废弃物堆放在矿区旁边的尾矿库内，这些重金属尾矿中含有的大量重金属，在地表生物地球化学作用下释放和迁移到土壤及河流中。而这些受污染的水又通过灌溉方式进入农田，并通过食物链进入人体，从而对矿区附近人民的健康和生存环境构成严重威胁。采矿造成地下水位下降，使原有地表泉水干枯，当地居民的饮用水与灌溉受到不同程度的影响。

一些矿业发达国家，如英国、德国、美国、苏联、法国、加拿大、澳大利亚等，比较重视矿山生态环境的调查恢复治理工作，起步早，起点高，相继颁布了有关工作的法律法规和条例，投入了大量的资金和技术力量进行科学实验和理论研究，在矿山生态环境恢复治理技术、生物系统工程和运营管理措施等方面均达到了较高的水平，获得了显著的社会效益、经济效益和环境效益。矿山生态环境控制与恢复最早开始于德国和英国，美国早在1920年的《矿山租赁法》中就明确要求保护土地和自然环境，而德国从20世纪20年代就开始在废弃土地上种植树木以恢复植被和保护环境。50年代末，欧洲各国比较自觉地进入了科学治理的时代。进入70年代，矿山生态环境恢复治理已发展成为一项涉及多行业、多部门的系统工程，并已形成比较完整的法律体系和管理体系。80年代以后，随着世界各国对环境问题的日益重视和生态学的迅速发展，矿山生态环境恢复治理中的生态原则及矿区"土壤—植物—动物"生态系统的重建工作已成为该领域研究的焦点，从而使该领域呈现蓬勃发展的态势。

我国矿产资源开采选冶造成的重金属环境污染案例不胜枚举，"血铅""镉污染"已经成为高频词汇。以湖南为例，据湖南省政府和国土资源部合作进行并于2007年完成的《湖南省洞庭湖区生态地球化学调查评价》指出：株洲县茶亭—株洲市—湘潭市—长沙市—望城区—湘阴县—屈原农场—岳阳市长达250 km的带状区域农田土壤有比较严重的镉污染，其污染源以选矿、冶炼为主。矿山生态环境调查与修复工作刻不容缓。20世纪80年代国家环保局和国家土地管理局成立以后，矿山生态环境恢复治理工作开始得到重视。1988年颁布的《土地复垦规定》和1989年颁布的《中华人民共和国环境保护法》，标志着矿区生态环境修复走上了法制的轨道。进入21世纪，党的十八大首次提出了建设“美丽中国”，强调生态文明建设的突出地位。2015年中共中央、国务院发布《关于加快推进生态文明建设的意见》，明确提出“坚持绿水青山就是金山银山，深入持久地推进生态文明建设”。2017年10月，“增强绿水青山就是金山银山的意识”写进《中国共产党章程》。2018年3月，十三届全国人大一次会议表决通过《中华人民共和国宪法修正案》，把发展生态文明、建设美丽中国写入宪法。系统地查明南方丘陵山区矿产资源的基本情况和生态环境状况、掌握南方丘陵山区的矿山生态环境信息，可以为生态安全政策制订、灾害防治、区域环境综合治理提供科学依据，为我国资源安全战略决策以及发展生态文明、建设美丽中国提供重要支持。

科技基础性工作专项是科技部于21世纪初启动的一项重大举措，科技基础性工作是指对基本科学数据、资料和相关信息进行系统的考察、采集、鉴定，并进行评价和综合分析，以探求基本规律，推动这些科学资料的流动与使用的工作。本图册是科技部科技基础性工作专项项目“南方丘陵山区矿山生态环境科学考察”成果中反映矿山地质灾害情况的图片部分。所有图片均由项目参与单位湖南省地质测试研究院、江西有色地质矿产勘查开发院、广东省有色地质勘查院和广西壮族自治区地质调查院的现场调查人员拍摄。各单位在中南大学统一协调下分工协作，历时5年共拍摄反映矿山地质灾害情况的照片300余张。从中挑选具有代表性的照片，按照地质滑坡、地表裂缝及地表塌陷、泥石流、地灾隐患、地灾治理五个大类进行分类整理，编成此图册。图册中难免疏漏，敬请广大读者批评指正。

本书的素材与数据均来自科技基础性工作专项项目“南方丘陵山区矿山生态环境科学考察（2013FY110800）”的考察成果，并在项目经费资助下出版。在书稿编辑过程中，得到了项目组许多同志的大力支持与帮助，郭友军、谢静、阳兵、陈晓乐、王佳新、魏文胜、张丽娟、陆河顺子、罗议建等直接参与了书稿文字与图片的处理、编辑以及校核工作，特在此表示感谢。

作 者

2019年10月

# Contents 目录

# 一、地质滑坡

湖南省水口山铅锌矿老鸭巢露天采金造成的山体滑坡Ⅰ(曹健、邓圣为拍摄)

湖南省水口山铅锌矿老鸭巢露天采金造成的山体滑坡Ⅱ(曹健、邓圣为拍摄)

湖南省水口山铅锌矿老鸭巢露天采金造成的山体滑坡Ⅲ(曹健、邓圣为拍摄)

湖南省水口山铅锌矿老鸭巢露天采金造成的山体滑坡Ⅳ(曹健、邓圣为拍摄)

湖南省川口钨矿老尾矿库上远眺看到的滑坡现象Ⅰ(曹健、邓圣为拍摄)

湖南省川口钨矿老尾矿库上远眺看到的滑坡现象Ⅱ(曹健、邓圣为拍摄)

湖南省祁东铁矿尾矿库旁边的小滑坡体Ⅰ(曹健、邓圣为拍摄)

湖南省祁东铁矿尾矿库旁边的小滑坡体Ⅱ(曹健、邓圣为拍摄)

祁东铁矿矿山生产过程中破坏地表植被及原土体结构，形成裸露边坡，土地挖损严重，从而在雨季发生坍塌。

湖南省麻阳铜矿废石场为防止滑坡的治理工程Ⅰ(曹健、邓圣为拍摄)

湖南省麻阳铜矿废石场为防止滑坡的治理工程Ⅱ(曹健、邓圣为拍摄)

麻阳铜矿的地质环境问题大都发生在2000年以前，地质灾害问题现在基本上都及时进行了治理。

湖南省柿竹园多金属矿柴山工区滑坡后的治理工程(矿方提供)

湖南省屋场坪锡矿办公楼旁边的滑坡体（*矿方提供*）

湖南省屋场坪锡矿矿区采场通往选厂路边的滑坡体（*矿方提供*）

屋场坪锡矿在生活建设场地东侧出口处和露天采场东南矿区采场通往选厂的土石公路东侧各见一小滑坡体，目前矿山已经通过在滑坡体底部修葺浆砌石块水泥防护墙的方式对其进行了边坡护理，使得滑坡体得到有效控制。

湖南省新田岭钨矿在建的南区井塔旁边的滑坡(曹健、邓圣为拍摄)

湖南省新田岭钨矿的西岭沟尾矿库旁山体滑坡(曹健、邓圣为拍摄)

湖南省湘西金矿2号尾矿库下面的小滑坡(曹健、邓圣为拍摄)

湖南省李家田铝土矿堆放于坑口附近的废矿堆滑坡(田宗平、曹健、邓圣为拍摄)

湖南省李家田铝土矿路边的滑坡(田宗平、曹健、邓圣为拍摄)

湖南省黄金洞金矿巨能学校滑坡治理工程(曹健、邓圣为拍摄)

巨能学校(黄金乡小学)附近山坡上的滑坡体是由于学校的建设，对山坡坡脚的岩石搬迁，使整个山坡的应力场发生改变，造成半山坡出现山体蠕动形成的。该滑坡体通过上部削坡卸荷，修建截水沟和排水沟，下部修建挡土墙和排水系统，隐患已消除，该滑坡已经治理，现状危害小，影响小。

湖南省黄金洞金矿 3#斜井滑坡治理工程（曹健、邓圣为拍摄）

金塘 3#斜井卷扬机房后坎高度平均为 29 m，长度为 40 m，矿山对该边坡进行支护［采用喷锚网（锚杆钢筋网喷射混凝土）进行喷锚网护坡］，并在上层台阶上修建排水沟和挡土墙，该滑坡已经治理，现状危害小，影响小。

湖南省黄金洞金矿凤形山滑坡治理工程（曹健、邓圣为拍摄）

凤形山滑坡位于平江县黄金洞金矿金塘矿段，1 号脉氧化矿采空区上。滑坡体总长度 120 m 左右，边坡高度 120 m，上缓下陡，坡度 30°~60°，威胁公路行人车辆及公路前缘居民生命财产安全。该滑坡通过削坡卸荷，修建截、排水沟，采用锚杆格构护坡消除了隐患，该滑坡已经治理，现状危害小，影响小。

湖南省玛瑙山矿道路旁的露天采洗锰矿山体滑坡(曹健、邓圣为拍摄)

湖南省宝山铅锌矿废弃采场为防止滑坡进行的边坡治理Ⅰ(曹健、邓圣为拍摄)

湖南省宝山铅锌银废弃采场为防止滑坡进行的边坡治理Ⅱ(曹健、邓圣为拍摄)

湖南省瑶岗仙钨矿由于暴雨导致的已滑坡山体Ⅰ(曹健、邓圣为拍摄)

湖南省瑶岗仙钨矿由于暴雨导致的已滑坡山体Ⅱ(曹健、邓圣为拍摄)

江西省宜春钽铌矿滑坡，位于矿区公路采矿场附近，滑坡长 8 m、宽约 6 m、厚度约 1.0 m，滑体已经脱落。(舒顺平、舒仲强、曾昭法拍摄)

江西省西华山钨矿滑坡Ⅰ（舒顺平、舒仲强拍摄）

江西省西华山钨矿滑坡Ⅱ（舒顺平、舒仲强拍摄）

江西省西华山钨矿滑坡Ⅲ(舒顺平、舒仲强拍摄)

江西省西华山钨矿，矿区共发现滑坡 7 处，以残坡积层碎石土滑坡为主，滑坡规模 40 ~ 1200 $m^3$ 不等，均为小型滑坡，危害性小。

江西省官庄钨矿的矿山环境灾害治理挡土墙(舒顺平、雷建、何登华拍摄)

江西省官庄钨矿滑坡，滑体宽 8 m、长 10 m、厚 2 m，滑坡规模 80 $m^3$，滑面上有少量浮石，裂隙发育，发展趋势不稳定。（舒顺平、雷建、何登华拍摄）

江西省岿美山钨矿，位于选矿厂附近，规模小，基本稳定。（舒顺平、舒仲强拍摄）

江西省浒坑钨矿滑坡，位于新尾矿库附近的公路旁，滑坡隐患体宽约 15 m，纵向长约 10 m，滑体厚度 1 ~ 3 m，隐患体体积约 300 万 $m^3$。（舒顺平、舒仲强、曾昭法拍摄）

江西省彭安彭山锡矿的滑坡隐患，位于原矿部医院门口马路边。（曾昭法、信伟卫、赖广平拍摄）

江西省木子山稀土矿滑坡，为规模较小的滑坡，灾害危害较小。（舒顺平、舒仲强拍摄）

江西省开子岽稀土矿滑坡，为规模较小的滑坡，灾害危害较小。（舒顺平、舒仲强拍摄）

江西省盘坑铁矿滑坡Ⅰ(舒顺平、舒仲强拍摄)

江西省盘坑铁矿滑坡Ⅱ(舒顺平、舒仲强拍摄)

江西省盘坑铁矿滑坡的两处滑坡位于公路切坡处，均为土质滑坡，滑坡体积3～10 $m^3$，规模小。

江西省远坑金矿滑坡Ⅰ(舒顺平、舒仲强拍摄)

江西省远坑金矿滑坡Ⅱ(舒顺平、舒仲强拍摄)

江西省远坑金矿滑坡，规模均属小型，均为切坡引发边坡的崩滑地质灾害。已有滑坡坡面已清理，恢复生态植被。

江西省金山金矿滑坡，位于主井与副井口之间的矿区公路一侧，滑坡体前后缘高差8 m，滑坡体斜长10 m，宽度10 m，滑坡体厚0.5 m，体积约50 $m^3$。（舒顺平、舒仲强拍摄）

江西省花桥金矿滑坡，位于铁丁坞尾矿坝北侧近东西向的溪沟以北的1号露采区内，滑向248°，滑坡体前后缘高差23 m，滑坡体斜长36 m，宽度120 m，滑坡体厚8.5 m，体积约36720 $m^3$。（舒顺平、舒仲强拍摄）

江西省德兴铜矿滑坡，位于大山公路 1 号尾矿库附近，为土质滑坡，滑坡长 10 m、宽约 10 m、厚度约 1.5 m，滑体已经脱落，滑坡危险性较小。(舒顺平、舒仲强拍摄)

江西省德兴铜矿滑坡，位于大山公里 413 排土场附近，为土质滑坡。滑坡长 20 m、宽 15 m、厚度 1.5 m。(舒顺平、舒仲强拍摄)

广东省紫金宝山铁矿区的滑坡Ⅰ，位于下告矿段采空区，滑坡体主要由残坡积土组成，滑坡体底部宽100 m，顶部宽约8 m，高约28 m，体积约40万$m^3$，为中型滑坡。(曹志良、王模坚拍摄)

广东省紫金宝山铁矿区的滑坡Ⅱ(曹志良、王模坚拍摄)

广东省紫金宝山铁矿区的崩塌，位于宝山矿段+231 m探矿平硐口北侧边坡，该处崩塌体一部分已被清理，下部已修筑浆砌片石挡墙支护，现仍处于不稳定状态。性质属土质崩塌，土质主要为坡残积土。（曹志良、王模坚拍摄）

广东省大宝山铁矿区的露天采场崩塌Ⅰ，发育于39线附近标高757 m平台的露天采场临时边坡处。崩塌体由松散土石块组成，因震动或机械挖掘，土石块沿边坡滑落，崩塌体长多为2～5 m，高2～10 m，厚约1 m，体积20～45 $m^3$。（汪礼明、刘东宏、王涌泉的调查）

广东省大宝山铁矿区的露天采场崩塌Ⅱ，位于槽对坑尾矿库西岸简易公路边。崩塌处为中低山地貌区。坡体为强风化粉砂岩，发育两组节理裂隙，塌方体积约900 $m^3$，为小型崩塌。（汪礼明、刘东宏、王涌泉的调查）

广东省大尖山铅锌矿区滑坡Ⅰ（曹志良、王模坚拍摄）

广东省大尖山铅锌矿区的滑坡Ⅱ(曹志良、王模坚拍摄)

广东省大尖山铅锌矿区的滑坡Ⅲ(曹志良、王模坚拍摄)

广东省大尖山铅锌矿区的滑坡位于540 m 窿口西南直距约50 m 处矿山道路上部边坡，估算体积约368 $m^3$，为小型浅层滑坡，该滑坡造成矿山道路中断。

广东省大尖山铅锌矿区的滑坡Ⅳ(曹志良、王模坚拍摄)

广东省大岭坡金矿区的早期崩塌，位于陈家坡0号勘探线东南端矿山沉淀水塘坝体西坝肩部，为人工取土修筑沉淀水塘坝体，破坏坡面引发的土质工程崩塌。由于边坡较陡，没有护坡措施，崩塌处于未稳定状态。已有崩塌规模小，危害程度小，未造成经济损失。(王赛蒙、王涌泉的调查)

广东省凡口铅锌矿区的滑坡Ⅰ，滑坡在2011年5月8日雨季时发生，滑坡体明显开裂，部分坡体已崩塌，活动性强，危及滑坡后沿和前沿的职工居住用房与道路，其危害性为中等，危险性中等，对地质环境影响程度分级为较严重。（汪礼明、刘东宏、王涌泉调查）

广东省凡口铅锌矿区的滑坡Ⅱ（汪礼明、刘东宏、王涌泉调查）
目前已进行治理或采取预防措施，比较稳定，未发现有活动迹象。

广东省红岭钨矿矿区的小型滑坡，位于选厂废石堆场南侧约 5 m 的公路边，可见滑坡地貌、滑坡堆积物，滑坡体由残坡积粉质黏土夹碎石组成，土质松散，遇水易软化，属小型滑坡。现状评估其危险、危害性小。（汪礼明、刘东宏、王涌泉调查）

广东省龙川宝铁矿矿区的滑坡I，此滑坡为老滑坡，由于旁边水沟冲刷导致山谷壁底掏空，在雨水的作用下形成滑坡。目前旱季处于稳定状态，在暴雨的作用下易再次发生滑坡，但其规模较小，附近无居民，滑坡体周围已覆盖植物，造成的损失小，治理也简单容易，对矿区地质环境的影响较小。（曹志良、王模坚拍摄）

广东省龙川宝铁矿矿区的滑坡Ⅱ，在现状条件下，矿业活动对地质灾害影响程度较轻。（曹志良、王模坚拍摄）

广东省龙川宝铁矿矿区的滑坡Ⅲ，在现状条件下，矿业活动对地质灾害影响程度较轻。（曹志良、王模坚拍摄）

广东省龙川宝铁矿矿区的滑坡Ⅳ，在现状条件下，矿业活动对地质灾害影响程度较轻。（曹志良、王模坚拍摄）

广东省龙川宝铁矿矿区的滑坡Ⅴ，在现状条件下，矿业活动对地质灾害影响程度较轻。（曹志良、王模坚拍摄）

广东省小带锰矿矿区的滑坡Ⅰ，位于矿山简易公路旁，滑坡体斜长约 76 m，宽约 10 m，厚约 4 m，滑坡体规模约 3040 $m^3$。属于小型滑坡，由于长时间暴雨，山坡土体饱和及抗剪强度降低，水位抬高造成，主要危害矿山简易公路中行走的车辆人员及其相应的财产，危害等级中等。（汪礼明、刘东宏调查）

广东省小带锰矿矿区的滑坡Ⅱ，位于矿区东北部，炸药库对面，滑坡体斜长约 98 m，宽约 30 m，厚约 20 m，滑坡体规模约 58800 $m^3$。属于大型滑坡，主要危害矿山简易公路中行走的车辆人员，不会影响到下游的房屋。危害等级中等。（汪礼明、刘东宏调查）

广东省麦凹铜锌矿矿区的滑坡，位于PD1级现有废石堆场的BP2，滑坡体呈扇状，滑坡体斜长23 m，坡底宽18 m，体积约150 $m^3$，滑坡体成分为松散的废石，属小型滑坡，目前还未造成人员与经济损失，现状评价其危害性小，危险性小。（王胜、王涌泉调查）

广东省梅子窝钨矿矿区的崩塌，发育于癞痢石东面12~20号勘探线之间的山坡上，崩塌体长约为400 m，宽约100 m，厚约2 m，体积约$8\times10^4 m^3$，属于大型崩塌，崩塌的主要危害对象是山坡上的植物，未造成直接经济损失，危害性和危险性小。（王胜调查）

广东省梅子窝钨矿矿区的滑坡Ⅰ，位于老虎坳选厂生活区北侧通往选厂的简易公路边，滑坡体长约 15 m，宽约 10 m，厚约 2 m，体积约 300 $m^3$，为一小型滑坡。现状评估其危害小、危险性小。（王胜调查）

广东省梅子窝钨矿区的滑坡Ⅱ，位于 3 号尾矿库的东南侧山坡上，滑坡体长约 10 m，宽约 5 m，厚约 1 m，体积约为 50 $m^3$，为小型滑坡。由于山坡自然坡度大，力学性能差，强降雨后抗剪强度降低，软化、变形、破坏，现状评估其危害性危险性小。（王胜调查）

广东省聂河生金矿矿区的崩塌Ⅰ，位于矿山118平硐工业场地东侧的矿山公路边，崩塌体宽度2～3 m，厚度1～1.3 m，崩塌体顺坡延伸长度8 m，崩塌体积约30 $m^3$。目前没有造成人员和财产的损失，现状评估其危害性小，危险性小。(王赛蒙、王涌泉调查)

广东省聂河生金矿矿区的崩塌Ⅱ，位于矿山118平硐口(老选厂)北侧的板梯河过水隧洞口处，崩塌体宽度约2 m，厚度1 m，崩塌体顺坡延伸长度2 m，崩塌体积约5 $m^3$。目前没有造成人员和财产的损失，现状评估其危害性危险性小。(王赛蒙、王涌泉调查)

广东省聂河生金矿矿区的崩塌Ⅲ，位于设计135平硐的西侧公路边的山坡上，崩塌体宽度约30 m，厚度1～3 m，崩塌体顺坡延伸长度20 m，崩塌体积约1300 $m^3$。该崩塌是采坑废弃后多年的自然崩塌，无人员和财产损失，危害等级小。（王赛蒙、王涌泉调查）

广东省东源深坑铁矿矿区的崩塌，位于溢洪道东侧、因修建溢洪道而开挖的人工边坡上。坡面较陡，没有防护，坡面植被稀少。规模属于小型，治理难度小，治理投入少，已造成的损失少，对矿山建设和开采基本无影响，潜在的危险性小，对矿山地质环境影响轻微。（汪礼明、刘东宏调查）

广东省石人嶂钨矿矿区的崩塌Ⅰ，位于莲花山北坡中部0号勘探线附近山脊，崩落岩体主要为变质砂岩、板岩，体积达9万多立方米，为大型基岩崩塌，曾造成公路堵塞，崩塌后壁山体陡峭，处于不稳定状态。（王胜的调查）

广东省石人嶂钨矿矿区的崩塌Ⅱ。（王胜的调查）

广东省石人嶂钨矿矿区的崩塌Ⅲ，位于莲花山北坡中部0号和11号勘探线之间山脊，发生于2003年5月，为大型基岩崩塌，崩落松散岩土主要堆积在枫树窝山谷中，宽约30 m，长约400 m，造成约12000 $m^2$的林地受到破坏。（王胜的调查）

广东省石人嶂钨矿矿区的滑坡，位于+340 m窿口废石堆东北侧山坡，距离+340 m窿口约450 m，边坡长约60 m，高约50 m，坡度约50°，滑坡体向西南方向滑移，目前该滑坡基本稳定，现状评估该滑坡危害性小，危险性小。（王胜的调查）

广东省瑶婆山矿区的滑坡，位于采矿场至选厂新修的公路边，可见滑坡地貌、滑坡堆积物。滑坡体由残坡积粉质黏土夹碎石组成，土质松散，滑坡体长约12 m，宽3～6 m，厚1～2 m，平面上呈扇形，滑坡体规模约60 $m^3$，属小型滑坡。（王胜、王涌泉调查）

广东省瑶婆山矿区的崩塌Ⅰ，发育于矿体地表的露天采场临时边坡处。崩塌体由松散土石块组成，因震动或机械挖掘，土石块沿边坡滑落，崩塌体长多为5 m，高约3 m，厚约1 m，体积约10 $m^3$。危害小、危险性小。（王胜、王涌泉调查）

广东省瑶婆山矿区的崩塌Ⅱ，现场评估其危害小、危险性小。（王胜、王涌泉调查）

广西德保铜矿尾矿库采石边坡崩塌，崩塌体呈锥状堆积，崩塌方向为5°，致灾主导因素为坡体开挖后未防护，雨水冲刷作用导致岩石的抗压抗剪强度降低，危害程度小、危险性小。（李世通拍摄）

广西德保铜矿Ⅱ号矿段采坑边坡崩塌，崩塌体呈锥状堆积，崩塌方向为15°，致灾主导因素为采矿过程中爆破或者施工挖掘机挖松了岩土体，坡体高度较大，坡度较陡，雨水的冲刷作用等，危害程度小、危害性小。（李世通拍摄）

广西德保铜矿Ⅱ号矿段废石场边坡滑坡，为小型滑坡，堆积物已及时清理，致灾主导因素为Ⅱ号矿段的排土场已使用多年，废石废土总量比较多，地表还存在大量的残积坡土，而且山坡坡度大于35°，且无植被覆盖，以及雨水的冲刷作用，危害程度小、危害性大。（李世通拍摄）

# 二、地面裂缝及地表塌陷

湖南省川口钨矿采空区塌陷Ⅰ(矿方提供)

湖南省川口钨矿采空区塌陷Ⅱ(矿方提供)

湖南省川口钨矿采空区塌陷Ⅲ(矿方提供)

湖南省川口钨矿采空区塌陷Ⅳ(矿方提供)

湖南省川口钨矿在四中段采空区上部存在两处塌陷，面积总计0.399 $hm^2$，塌陷区塌陷最大深度达7 m。塌陷区位于无人畜活动区域。

湖南省锡矿山锑矿北矿的一处地面塌陷坑Ⅰ(曹健、邓圣为拍摄)

湖南省锡矿山锑矿北矿的一处地面塌陷坑Ⅱ(曹健、邓圣为拍摄)

湖南省锡矿山锑矿采空区塌陷导致的房屋拆迁Ⅰ(曹健、邓圣为拍摄)

湖南省锡矿山锑矿采空区塌陷导致的房屋拆迁Ⅱ(曹健、邓圣为拍摄)

据湖南省工程勘察院调查，锡矿山锑矿宝大兴采空区顶板距地表最薄处仅 0.6～0.8 m 岩层，仅靠几根保安矿柱支撑，且该地区 1.4 $km^2$ 范围内有近 80% 的地方属于地质灾害危险地段，发生沉陷地质灾害危险性不断增大。区内 41 家企事业单位，8 个居委会，2 个村(组)，共 2273 户急需搬迁。

湖南省香花岭锡矿塌陷的山体，香花岭锡矿区内采空范围广，是地面塌陷易发区。(曹健、邓圣为拍摄)

江西省武宁驼背山锑矿地面塌陷，位于上段村溪沟北侧，呈直径4 m左右的圆形。（曾昭法、信伟卫、赖广平拍摄）

江西省昌港银金矿地面塌陷，位于XJ6井口处，塌陷直径约2 m，深3 m。（舒顺平、舒仲强拍摄）

江西省鲍家银矿采空塌陷，地表塌陷范围约 2.04 万 $m^2$，以上盘 60°、下盘 60°、端部 70°错动角圈定错动范围，矿山错动范围面积约 0.15 $km^2$。（矿山提供）

江西省西华山钨矿采空区塌陷Ⅰ，分布于西钨老矿部坪 594 中段的小路以西至 594 中段北后门、483 中段水平以上的范围，分布面积约 0.41 $km^2$，空场体积约 85 万 $m^3$，划分为中型地面塌陷。（舒顺平、舒仲强拍摄）

江西省西华山钨矿采空塌陷Ⅱ，分布于山上公路桥至丝茅坪的矿区公路以下至378中段河沟一带，总体呈近东西走向，长约500 m，宽约160 m，分布面积约0.08 $km^2$，划分为小型地面塌陷，塌陷可见深度一般大于10 m。（舒顺平、舒仲强拍摄）

江西省岿美山钨矿采空塌陷，塌陷区内近期相继发生塌坑4处，直径2～35 m、深2～8 m不等，并见3条裂缝，长3～12 m，宽3 mm左右，目前已经填埋。说明该塌陷区处于发展阶段，地面塌陷面积2.9466 $hm^2$。（舒顺平、舒仲强拍摄）

江西省金山金矿采空塌陷，位于原露天采场，长约 60 m，宽约 20 m，面积 1200 m$^2$，目前生态环境恢复较好。(舒顺平、舒仲强拍摄)

江西省花桥金矿采空塌陷，位于原露天采场，长约 20 m，宽约 10 m，面积 200 m$^2$，可见深度约 10 m，未填充，但周边恢复较好。(舒顺平、舒仲强拍摄)

广东省宝山铁矿矿区的地裂缝，从图中很明显地看到矿区水泥地面的裂痕。（曹志良、王模坚拍摄）

广东省赤老顶矿区锑矿矿区的张拉裂缝Ⅰ，由于2010年矿山钻探工程中将削坡残坡积土未经压实随意堆放于道路下方边坡造成。长度1.5～8 m，宽度15～36 cm，深度34 cm，主要由残坡积土组成，较不稳定，有引起滑坡的可能。（王胜、王涌泉调查）

广东省赤老顶矿区锑矿矿区的张拉裂缝Ⅱ，长度 1～17 m，宽度 15～44 cm，深度约 45 cm，主要由残坡积土组成，较不稳定，有引起滑坡的可能。（王胜、王涌泉拍摄）

广东省大宝山矿区 HP2 滑坡滑体裂缝，发育于滑坡体上的多条横向张裂缝，间距 2～5 m，长度 5～20 m，裂缝宽 5～20 cm，可见深度 1.0 m。（汪礼明、刘东宏、王涌泉调查）

广东省深坑铁矿矿区的尾矿库东侧裂缝，该裂缝存在于边坡上。(汪礼明、刘东宏调查)

广东省凡口铅锌矿矿区的贵地铁筒面塌陷，塌陷平面形状为圆形，空间形状为锅底形。(汪礼明、刘东宏、王涌泉的调查)

广东省凡口铅锌矿矿区的沟中塌陷，塌陷平面形状为椭圆形，空间形状为圆锥形，塌陷规模较小。(汪礼明、刘东宏、王涌泉的调查)

广东省凡口铅锌矿矿区的董中耀昌斗门塌陷，塌陷平面形状为圆形，空间形状为圆锥形，塌陷规模较小。(汪礼明、刘东宏、王涌泉调查)

广东省凡口铅锌矿矿区的田中岩溶塌陷，塌陷平面形状为圆柱形，空间形状为圆锥形，塌陷规模较小。（汪礼明、刘东宏、王涌泉调查）

广东省深坑铁矿矿区的地面塌陷，规模甚小，从图中可以看出在标志物处（小树处）即为塌陷发生处，该塌陷可能引起边坡的崩塌或滑坡。（汪礼明、刘东宏调查）

广西佛子冲铅锌矿采空区地面塌陷 Tk1，开采标高 340 ~ 360 m、开采深度 30 ~ 40 m、开采的矿体厚度 1.7 ~ 3.0 m、顶底板较完整，局部破碎，形成约 0.06 $km^2$ 的采空区，采矿过程中采穿地面后，采穿的矿洞四周扩散，慢慢形成了大面积塌陷，塌陷平面长条形，大致走向与采空走向一致，塌陷点已稳定，其危害程度小。(矿山提供)

广西佛子冲铅锌矿采空区地面沉陷处 C1 边缘。其发生地面沉陷的形式主要是在陡坡地段发生小崩塌，目前地面沉陷还没稳定，可能还会形成大面积的沉陷区，危害程度中等。(矿山提供)

广西明山金矿地表采空区西面，采坑边坡高2～25 m，坡度50°～70°，露采坑边坡的岩性主要为砂岩。（矿山提供）

广西明山金矿地表采空区东面。明山金矿地表的氧化矿已完全被采空，露采坑东西长约500 m，南北宽60～130 m不等，总面积48370 $m^2$。（矿山提供）

广西泥冲钼矿中1号采空区北侧。位于矿区北部，为前期露天开采的采空区。开采范围呈簸箕状，长约140 m，宽约95 m，西高东低，采坑两侧边坡高度1～15 m，后缘边坡高10～35 m，开采边坡50°～70°不等，采空体积约为11.14万$m^3$，损毁土地面积1.358 $hm^2$。（李世通拍摄）

广西泥冲钼矿中2号采空区。位于矿区中部，为前期露天开采的采空区，开采范围也呈簸箕状，长约200 m，宽约145 m，西高东低，采坑两侧边坡高度4～25 m，后缘边坡高15～45 m，开采边坡的45°～65°不等，采空区体积约为13.16万$m^3$，损毁土地面积2.898 $hm^2$。（李世通拍摄）

广西珊瑚钨矿中矿区内东北面采空区地貌。(欧强拍摄)

# 三、泥石流

湖南省柿竹园多金属矿380选厂泥石流(矿方提供)

湖南省柿竹园多金属矿泥石流冲毁柿竹园沟右岸已建护岸(矿方提供)

柿竹园多金属矿泥石流主要为滑坡型泥石流，分布在太平里地区，废石尾砂流分布在野鸡尾、妹子垄地区，其影响沿甘港河一直至东河而下达资郴桂高等级公路。

湖南省湘西金矿路边为防泥石流修建的拦坝(曹健、邓圣为拍摄)

湖南省柏坊铜矿雨后土壤流失导致的泥石流Ⅰ(曹健、邓圣为拍摄)

湖南省柏坊铜矿雨后土壤流失导致的泥石流Ⅱ(曹健、邓圣为拍摄)

江西省岿美山钨矿泥石流，规模较小，无危害性。（舒顺平、舒仲强拍摄）

江西省石排废弃稀土矿泥石流Ⅰ，规模较小，危害性小。（舒顺平、舒仲强、曾昭法收集）

江西省石排废弃稀土矿泥石流Ⅱ，规模较小，危害性小。（舒顺平、舒仲强、曾昭法拍摄）

江西省木子山稀土矿泥石流，规模小，危害性小。（舒顺平、舒仲强拍摄）

广东省大宝山矿区的泥石流，位于李屋排土场及其下游地区，堆积区位于拦泥坝库尾。呈不规则扇形堆积于(李屋拦泥坝库尾区)沟口，扇面角度约120°，扇根淤高约0.8 m，扇面长120 m，扇面宽约210 m，面积约25200 $m^2$，堆积总量约8500 $m^3$。对土地资源和地形地貌景观破坏较大，已造成损失较大，其危害性中等。(汪礼明、刘东宏、王涌泉调查)

广西佛子冲铅锌矿泥石流沟源头物源，致灾主导因素为当地个体老板非法露天采矿，乱采滥挖，大量的物质堆填在斜坡地带并破坏山体的山林植被，在雨水的冲刷山体表面的泥土作用下，水与碎石土混在一起，在沟底形成泥石流。(矿方提供)

广西佛子冲铅锌矿泥石流沟中游全貌。泥石流沟长约120 m，停留在沟底的松散物质厚1～5 m，主要为碎石土，碎石含量40%～50%。沟宽10～90 m，规模约5万 $m^3$。大部分松散物质均停留在废石场以上的山沟及废石场一带，只有部分泥浆填埋了沉淀池，泥石没有流到废石场下游的农田，没有破坏到农田。(*矿方提供*)

广西佛子冲铅锌矿泥石流沟下游沟口，目前泥石流还没稳定，上游松散物质比较多，山体还裸露，如遇长时间的强暴雨时，还会再次发生泥石流，对下游的十多亩农田造成危害，引发泥石流危害程度中等。(*矿方提供*)

广西龙头山金矿1#废石场下游泥石流沟上游，沟内淤积情况严重，沟两侧山体稳定性较好，泥石流流通过程中“铲刮”两侧山体，流通过程中物质主要为物源区的矿渣。(*矿方提供*)

广西龙头山金矿1#废石场下游泥石流沟下游，已经设置一道石格栅型拦坝，但由于砌石坝设计不合理，其迎水面侧库容已被完全淤积，且坝体年久未修导致拦挡坝已经完全失效。(*矿方提供*)

广西龙头山金矿五指山尾矿库及下游泥石流沟，上游矿山历史上盗采严重，采矿产生的废石堆放，在雨水的冲刷作用下形成山洪将堆放在沟内的废石冲入下游。（李世通拍摄）

# 四、地灾隐患

湖南省柿竹园多金属矿柴山工区废石堆，坡度较陡，堆积松散。（曹健、邓圣为拍摄）

湖南省新田岭钨矿在建的南区井塔旁边的废石堆，坡度较陡，堆积松散。（曹健、邓圣为拍摄）

湖南省锡矿山锑矿锌厂后面废矿和废渣堆近景，坡度较陡，堆积松散。（曹健、邓圣为拍摄）

湖南省瑶岗仙钨矿废石场里堆积的废石(曹健、邓圣为拍摄)

湖南省玛瑙山矿矿区道路旁的废石堆(曹健、邓圣为拍摄)

湖南省宝山铅锌银矿采矿废石场堆积的废石，废石堆场位于矿区西部的山谷中，占地面积775 万 $m^2$，剩余有效容积20 万 $m^3$，现堆积废石不到有效容积的三分之一。（曹健、邓圣为拍摄）

湖南省对面排铜钼矿废石场里的废石堆，废石场位于680 平硐口外，主要堆存基建废石，后期拟用于矿区铺路。（矿方提供）

湖南省水口山铅锌矿的龙王山金矿尾矿库，地表植被破坏较严重，水土流失。(曹健、邓圣为拍摄)

湖南省祁东铁矿的尾矿库，祁东铁矿选定彭家冲山沟作为尾矿砂排放场，尾矿库占地面积0.687 $km^2$，植被破坏严重。(曹健、邓圣为拍摄)

湖南省瑶岗仙钨矿尾矿库远景，尾矿库位于矿山南山间低洼处，河谷上游，已满库停用。已压占损毁土地面积9.80 $hm^2$。(曹健、邓圣为拍摄)

湖南省祁东铁矿路边被雨水冲刷的砂质土壤(曹健、邓圣为拍摄)

湖南省祁东铁矿路边被雨水冲刷的砂质土壤(曹健、邓圣为拍摄)

湖南省李家田铝土矿露天采矿对土地造成荒漠化(田宗平、曹健、邓圣为拍摄)

湖南省锡矿山锑矿北矿的荒山(曹健、邓圣为拍摄)

湖南省锡矿山锑矿矿山由于炼锑、炼锌、炼铁等冶炼遗迹及采矿、选厂较多，已形成光山秃岭，造成严重生态破坏，矿山型荒漠化现象较突出。(曹健、邓圣为拍摄)

湖南省祁东大岭铅锌矿矿区土壤，矿区形成土壤的母岩有古近纪紫色砂页岩，石炭纪石灰岩，变质岩(千板岩、板岩、石英岩等)以及覆盖在其他岩层上的第四纪红色黏土等。(曹健、邓圣为拍摄)

江西省浒坑钨矿废石堆远景，坡度较陡，堆积松散。(舒顺平、舒仲强、曾昭法拍摄)

江西省七宝山铅锌矿排土场，位于采矿工业场地西侧 300 m，原有南北两个，现已连接在一起，形成一个整体的排土场地，形成的堆积体松散，且具有一定高度。（舒顺平、舒仲强拍摄）

江西省永平铜矿的西排土场，已堆废石长约 600 m，高 100 m，宽 100 m，约 6000 万 t，目前采取高阶段排土，坡顶平台面积约 20 万 $m^2$，边坡高差超过 100 m。（舒顺平、雷建、舒仲强拍摄）

江西省会昌岩背锡矿废石堆Ⅰ，位于采场南东分水岭以外清溪河左岸山坡处，边坡坡角为25°~40°，堆积体松散。(舒顺平、舒仲强拍摄)

江西省会昌岩背锡矿废石堆Ⅱ，位于采场南东分水岭以外清溪河左岸山坡处，边坡坡角为25°~40°，堆积体松散(舒顺平、舒仲强拍摄)

江西省德兴铜矿南山排土场，已堆废石约10000万t，目前采取高阶段排土，坡顶平台面积约20万$m^2$，边坡高差超过100 m。（舒顺平、舒仲强拍摄）

江西省峃美山钨矿尾矿库，库内总长6720 m，设计坝高20 m，设计库容$350\times10^4$ $m^3$。（舒顺平、舒仲强拍摄）

江西省浒坑钨矿尾矿库俯瞰图(舒顺平、舒仲强、曾昭法拍摄)

江西省浒坑钨矿尾矿库位于选厂东北方向约200 m，为V形山谷地貌，下游即为浒坑集镇。新尾矿库于1958年开始兴建，1960年初开始启用，设计总库容为$1055.58\times10^4$ $m^3$。(舒顺平、舒仲强、曾昭法拍摄)

江西省会昌岩背锡矿曲水坑尾矿库，位于黄荆坝尾矿库上游1850 m处，建于2002年，尾砂坝高约28.6 m，为块石浆砌重力坝，库容量约136万$m^3$，现已堆满弃用。（舒顺平、舒仲强拍摄）

江西省德安彭山锡矿尾砂堆（曾昭法、信伟卫、赖广平拍摄）

江西省宜春钽铌矿的露头采场，矿区所占用的土地以山地为主，利用的土地类型一般为林地，局部为耕地、农田。土壤主要为红壤，局部为黄壤。（舒顺平、舒仲强、曾昭法拍摄）

江西省武宁驼背山锑矿露天采区，矿区内土壤以黄棕壤、黄壤为主，土层较厚，土壤较肥沃。矿区占用、破坏土地类型主要为山坡荒地、部分旱地及稀疏林地，地表植被为松树及灌木。植被发育，覆盖率为 40% ~ 60%。（曾昭法、信伟卫、赖广平拍摄）

江西省聂桥锑金矿的露天采区，矿区地处丘岗斜坡下部及沟谷平原，矿区内土壤以黄棕壤、黄壤为主，土层较厚，土壤较肥沃。矿区外的山地斜坡植被为灌木丛、人工杉木林，覆盖率达60%。（曾昭法、信伟卫、赖广平拍摄）

江西省七宝山铅锌矿露天采场，矿区所在区域的地带性土壤类型主要为红壤，红壤多分布于丘陵和岗地，呈红色、暗红或红棕色，黏质、酸性，土层深厚。（舒顺平、舒仲强拍摄）

江西省德兴银山铅锌矿露天采场，土壤类型主要为林地土壤和少量的耕地土壤两大类。矿区主要植被类型多为针叶林和灌草丛。（舒顺平、舒仲强拍摄）

江西省岿美山钨矿采矿场全貌，矿区地表土壤有第四系红壤土和花岗岩风化形成的土壤，少部分为紫色土。由于土壤肥沃有利于各种植物生长，区内植被覆盖率65%，但采场地表的植被破坏严重。（舒顺平、舒仲强拍摄）

江西省岩背锡矿的露天采矿场，矿区及周边土壤类型主要为黄壤、黄棕壤，土地利用类型主要为林地，矿区的植被覆盖率70%以上，但采场地表植被破坏严重。(舒顺平、舒仲强拍摄)

江西省木子山稀土矿的矿区主要为林地，土壤类型主要为红壤，土质疏松。(舒顺平、舒仲强拍摄)

江西省开子崇稀土矿采矿场(舒顺平、舒仲强拍摄)

江西省开子崇稀土矿堆浸场(舒顺平、舒仲强拍摄)

江西省开子崇稀土矿矿区主要为林地，土壤类型主要为红壤，土质疏松、肥沃、湿润，腐殖质层较厚，植被覆盖率50%以上，各种植被类型主要有天然次常绿阔叶林、落叶阔叶林、各类针阔混交林、毛竹林。

江西省新余下坊铁矿矿区土壤以灰黄、浅黄色亚砂土、亚黏土和腐殖土为主，山坡土壤层厚度为 0 ~ 20 m，平均约 8 m，上覆 1 ~ 5 cm 厚的枯枝落叶层，土壤抗侵蚀能力较弱。(舒顺平、舒仲强、曾昭法拍摄)

江西省盘坑铁矿的土壤类型主要为林地土壤和少量的耕地土壤两大类，林地土壤以红壤为主，红黄壤、黄壤次之，耕地土壤以旱地为主。(舒顺平、舒仲强拍摄)

江西省德兴铜矿矿区开采区和废石、尾砂堆积区植被破坏严重，但矿区外围生态环境保护较好，山林茂盛，是常绿阔叶林和毛竹林。（舒顺平、舒仲强拍摄）

江西省城门山铜矿的土壤主要为红壤，局部为黄壤，在坡脚低洼处土层较厚。矿区采区、废石堆和尾矿库植被破坏严重。（曾昭法、信伟卫拍摄）

广东省凡口铅锌矿矿区运行的尾矿库，尾砂年产生量约为55万t，其中50%用于井下充填，50%在尾矿库贮存。（汪礼明、刘东宏、王涌泉拍摄）

广东省连南瑶族自治县大麦山矿业场铜多金属矿矿区的废石堆，矿区的剥离废石部分堆置在废石场，部分废石回填巷道。（王胜、王涌泉拍摄）

广西龙头山金矿葛麻冲尾矿库，为新规划的尾矿库，库容量 212 万 $m^3$。(矿方提供)

广东白石嶂钼矿区的开采对山体的破坏Ⅰ(田云、王涌泉拍摄)

广东白石嶂钼矿区的开采对山体的破坏Ⅱ(田云、王涌泉拍摄)

广东省龙门县茶排铅锌矿区的开采对山体的破坏Ⅰ(曹志良、王模坚拍摄)

广东省龙门县茶排铅锌矿区的开采对山体的破坏Ⅱ(曹志良、王模坚拍摄)

广东省云安区高枨铅锌矿区的开采对山体的破坏(王赛蒙、王涌泉拍摄)

广东省海丰县吉水门矿区锡矿区的开采对山体的破坏Ⅰ（王胜、王涌泉拍摄）

广东省海丰县吉水门矿区锡矿区的开采对山体的破坏Ⅱ（王胜、王涌泉拍摄）

广东省海丰县吉水门矿区锡矿区的开采对山体的破坏Ⅲ(王胜、王涌泉拍摄)

广东省梅县隆文镇江上—苏溪铁矿区的开采对山体的破坏Ⅰ(王胜、王涌泉拍摄)

广东省梅县隆文镇江上—苏溪铁矿区的开采对山体的破坏Ⅱ(王胜、王涌泉拍摄)

广东省信宜市贵子镇深垌锰矿区的开采对山体的破坏(王赛蒙、王涌泉拍摄)

广西佛子冲铅锌矿古益废石场，堆积体坡度较陡。（李世通拍摄）

广西德保铜矿Ⅱ号矿段（KD2）露天采坑弃土场。露天采场由开挖成深沟、平台和堆放边坡组成，面积为3.8023 $hm^2$。西北部为废弃土堆放边坡，坡度大于40°，面积为1.7422 $hm^2$。中部开挖深沟和平台，中部山顶开挖成宽10～30 m，长约120 m，深0～20 m的深沟，地势较高，西南部为开挖平台；采场南部开挖边坡为裸露岩石。（李世通拍摄）

广西敬德铝土矿龙山排泥库。龙山排泥库位于农林屯西南面4.3 km处的洼地。(欧强拍摄)

广西泥冲钼矿矿山开采对地形地貌的破坏。矿区的尾矿库、选厂、排土场、采空区、堆矿场造成土地的损毁，进而对矿区的地形地貌造成破坏。(李世通拍摄)

# 五、地灾治理

广西佛子冲铅锌矿已回填的采空区地面塌陷 Tk2，已采用废矿石及碎石土夯实回填塌陷坑。目前塌陷已稳定，其危害程度小，危险性小。（矿方提供）

广东省大宝山矿区的 TX1 地面塌陷治理后现状。2006 年以前，露天采场井下发生了四次明显的地压活动，形成了四处较大规模的地面塌陷，之后矿山公司对四处采空区地面塌陷区采用废石充填修整，现为露天采场的采矿场地，其塌陷痕迹已无法寻觅。（汪礼明、刘东宏、王涌泉调查）

广东省大宝山矿区的 TX2 地面塌陷治理后现状。经过整治，现为露天采场的采矿场地，其塌陷痕迹已无法寻觅。（汪礼明、刘东宏、王涌泉调查）

广东省红岭钨矿矿区的地面塌陷治理后现状。经过整治，现已基本实现复绿，其塌陷痕迹已经很小。（汪礼明、刘东宏、王涌泉调查）

**图书在版编目（CIP）数据**

南方丘陵山区矿山地质灾害图册 / 崔益安等著.
—长沙：中南大学出版社，2019.11
（南方丘陵山区矿山环境科考丛书）
ISBN 978-7-5487-3831-2

Ⅰ.①南… Ⅱ.①崔… Ⅲ.①丘陵地—矿山地质—地质灾害—中国—图集 Ⅳ.①TD1-64

中国版本图书馆 CIP 数据核字(2019)第 253449 号

**南方丘陵山区矿山地质灾害图册**
**NANFANG QIULING SHANQU KUANGSHAN DIZHI ZAIHAI TUCE**

崔益安 柳建新 孙 娅 郭友军 刘 嵘 著

□责任编辑 史海燕
□责任印制 易红卫
□出版发行 中南大学出版社
社址：长沙市麓山南路 邮编：410083
发行科电话：0731-88876770 传真：0731-88710482
□印 装 湖南鑫成印刷有限公司

□开 本 710 mm×1000 mm 1/16 □印张 7 □字数 115 千字
□版 次 2019 年 11 月第 1 版 □2019 年 11 月第 1 次印刷
□书 号 ISBN 978-7-5487-3831-2
□定 价 150.00 元